Saxon Math™ K

Home Connections
English and Spanish

Nancy Larson

A Harcourt Achieve Imprint

www.SaxonPublishers.com
1-800-284-7019

ISBN-13: 978-1-6003-2473-4
ISBN-10:   1-6003-2473-8

Printed in the United States of America

3 4 5 6 7 8 9   059   14 13 12 11 10 09 08 07

Table of Contents

Overview

Parent Letters

Math News

Student Glossary (English and Spanish)

Parent Letters (Spanish)

Math News (Spanish)

Home Connections Overview

A Parent Letter and a Handwriting Parent Letter inform parents of the variety of math activities, numeral writing, and assessments included in the *Saxon Math K* program. The Parent Letter provided in the kit may be sent home with the children any time within the first two weeks of school. The Handwriting Parent Letter should be sent home after teaching Lesson 1.

Math News provides a way to keep parents informed of math concepts introduced during the year. Each Math News includes a description of the concepts introduced in the previous 10–12 lessons, definitions of new math vocabulary, and some fun activities parents can use to encourage discussion and reinforce what their child has been learning in class.

The Student Glossary provides a quick reference of math vocabulary introduced in the *Saxon Math K* program. Words from the Student Glossary may be printed on index cards and put on a "word wall" after they are introduced in a lesson. A blackline master of the Student Glossary in English and Spanish is provided for you to copy and send home with the children if desired.

The Student Glossary and English and Spanish versions of the Parent Letters and Math News are also available on the Resources and Planner CD.

Dear Parent/Guardian,

During the coming year your child will participate in a wide variety of mathematics activities using the *Saxon Math K* program. Your child will learn through hands-on experiences, discussions, explorations, and oral/written practice.

While each day's activities will be varied, each lesson will have a standard three-part format:

1. **The Meeting** is a time when we practice everyday skills. The children will learn about the calendar and practice counting, patterning, telling time, and counting money.

2. **New Concepts** and skills are introduced and practiced during a formal whole-group lesson. These lessons feature hands-on experiences that allow your child to be actively involved in learning.

3. **Lesson Practice** reinforces new concepts from the lesson, as well as from previous lessons. Some of these practice sheets are completed in class as whole-group or small-group activities, and others are completed at home. **It is important that you review with your child the lesson practice sheets sent home.**

Assessment of skills occurs through individual oral interviews. This will help me evaluate your child's progress on skills we have been practicing to determine what additional practice is necessary. I will share with you my observations about your child's progress.

I look forward to working with you and your child this year. Please contact me if you have any questions about the program or about your child's progress.

Sincerely,

Dear Parent/Guardian,

Handwriting practice is part of your child's math program. Numeral formation is initially taught using large body movement. Do not expect perfect handwriting from your child at this time, but rather focus on the correct movements.

Before we write on paper, we will "skywrite" numbers to practice their correct formations. "Skywriting" is using an arm extended in front of the body to practice the writing motion. When skywriting, it is important to keep the arm straight, without bending the elbow, and to point with the index and middle fingers.

You can help your child practice handwriting at home. Each number has a verse that can be sung to the tune of "Skip to My Lou." The verses are printed below the large numbers that appear on the back of the first several Lesson Practice sheets. Attach each number to the refrigerator, a bulletin board, or a door. Have your child stand 2–3 feet away and skywrite as you sing the verse together. A black dot shows each digit's starting point, and an arrow shows the direction to go. When all the numbers 0–9 have been introduced, a complete list of all the verses will be sent home.

Many children benefit from additional handwriting practice. One way you can provide this practice is to take turns with your child using a finger to trace numbers on each other's back, in a shallow box filled with salt or sand, or in a shallow baking pan covered with shaving cream as you sing the verses.

Difficulty holding a pencil or coloring is normal for many kindergarten children. Fine motor skills will improve as your child becomes older. At this age your child needs to learn the proper formation of numbers so that in the future his or her handwriting will be neat and clear.

Sincerely,

What is your child learning in Math?

In Lessons 1–10 we practiced:

- placing a picture on a pictograph
- reading a graph
- writing the numbers 1–9
- counting a set of objects with one-to-one correspondence

 Math at Home

Here are some fun things you can do to help your child practice the math he or she is learning in school.

- Ask your child to count out the forks, knives, spoons, and napkins needed for the family dinner. Use other household items for similar practice.

- Ask your child to find pictures of cats and dogs (cars/ trucks) in magazines and tear them out. Ask your child to put the pictures in two rows, one row under the other. Ask your child to count the number of cats (cars) and number of dogs (trucks) in each row.

New Math Words

linking cubes: small, multicolor, plastic cubes that can be snapped together; used for counting, measuring, graphing, and patterning

pattern blocks: small, multicolor, wooden geometric shapes (square, triangle, hexagon, trapezoid, rhombus, and parallelogram) used for geometry, problem solving, patterning, graphing, and acting out problems

pictograph: a graph made with pictures

☆	☆	☆	
✿	✿	✿	✿

teddy bear counters: small, multicolor, plastic bears used for counting, sorting, patterning, graphing, and acting out problems

Visit the Saxon website for more activities.
www.SaxonMath.com/MathKActivities

What is your child learning in Math?

In Lessons 11–20 we practiced:

- identifying most and fewest on a graph
- using positional words and phrases such as *over, under, on top of, behind, in back of, in front of,* and *beside*

over

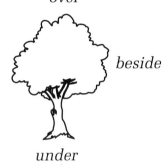

beside

under

- acting out a story problem
- identifying circles and rectangles
- covering a design using pattern blocks
- writing the numbers 0, 1, and 2

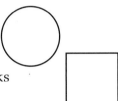

New Math Words

rectangle: a shape with four sides and four corners

sort by color: place all same-color objects [red buttons] together; then do the same with objects of other colors

 Math at Home

Here are some fun things you can do to help your child practice the math he or she is learning in school.

- Walk with your child both inside and outside the house to identify circles and rectangles.
- Ask your child to practice counting with you.
- Ask your child to place a small toy *over, under, on top of, behind, in back of, in front of,* and *beside* either you or another toy.

 Visit the Saxon website for more activities.
www.SaxonMath.com/MathKActivities

What is your child learning in Math?

In Lessons 21–30 we practiced:

- putting the number cards 1 through 5 in order
- sequencing daily events
- writing the numbers 3 and 4
- identifying ordinal position to fourth

first   second   third   fourth

- creating and reading an AB color pattern

A   B   A   B   A   B

- naming the days of the week

New Math Words

attributes: features used to describe an object: *shape* such as circle or rectangle, *size* such as small or large, and *color* such as red or blue

column: a vertical way to show information

5

4

3

2

1

Math at Home

Here are some fun things you can do to help your child practice the math he or she is learning in school.

- Ask your child to use a grocery sales circular or newspaper advertisement to name and circle different numbers (1–5).

- Ask your child to name the days of the week with you. Point to the days of the week on a calendar, if one is available.

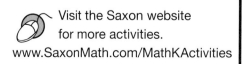 Visit the Saxon website for more activities.
www.SaxonMath.com/MathKActivities

What is your child learning in Math?

In Lessons 31–40 we practiced:

- identifying triangles and squares
- putting the number cards 0 through 10 in order
- identifying a missing number in a sequence

| 1 | 2 | 3 | | 5 |

- counting backward from 10
- sequencing weekly events
- writing the numbers 5 and 6
- sorting a collection of objects

2 holes   4 holes

- identifying and creating an AB sound and movement pattern

clap   snap   clap   snap   clap   snap

New Math Words

ordinal position: numerical position such as first, second, or third

square: a shape with four equal sides and four corners

triangle: a shape with three sides and three corners

 Math at Home

Here are some fun things you can do to help your child practice the math he or she is learning in school.

- Ask your child to sort collections such as the family's socks (Mom's, Dad's, etc.), laundry (by articles), and/or silverware in the drawer.
- Ask your child to create an AB sound pattern for you. Help your child decide on two ways to make sounds, such as clapping and tapping. Ask your child to perform the pattern.

 Visit the Saxon website for more activities. www.SaxonMath.com/MathKActivities

MATH K NEWS

What is your child learning in Math?

In Lessons 41–50 we practiced:

- identifying and counting pennies
- ordering and writing money amounts to 10¢
- reading and showing time to the hour

- writing the numbers 7 and 8
- matching a number card to a set of 1–10 objects
- identifying an object that doesn't belong to a group, such as a circle (which has no straight lines) in a group of squares and triangles (which have straight lines)

New Math Words

matrix: a way of showing attributes

order: place objects in a given sequence, such as smallest to largest

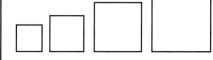

Math at Home

Here are some fun things you can do to help your child practice the math he or she is learning in school.

- Ask your child to identify the time on a clock (with hands) when it shows time to the hour. Discuss events that happen at certain times of the day.

- Provide a cup of pennies. Ask your child to take out a handful of pennies and count them. Repeat this activity several times.

 Visit the Saxon website for more activities.
www.SaxonMath.com/MathKActivities

What is your child learning in Math?

In Lessons 51–60 we practiced:

- comparing objects by weight using a balance
- writing the numbers 9 and 10
- creating and reading an ABB color pattern

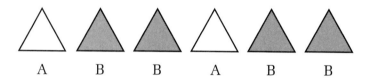

A   B   B   A   B   B

- paying for items to 10¢ using pennies

Math at Home

Here are some fun things you can do to help your child practice the math he or she is learning in school.

- Gather a set of four objects of various weights from very heavy to very light. Ask your child to compare the weights and try to put the objects in order from heaviest to lightest. Have your child tell you which comes first, second, third, and fourth.

New Math Words

balance: a device that uses two pans to measure weight and to show comparative weights

geoboard: a square plastic board with pegs on which bands are used to create shapes; used for problem solving

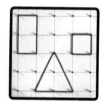

least: fewer than all the others

🚌	🚌	🚌	🚌	🚌
👢	👢	least		
🚗	🚗	🚗	🚗	

Visit the Saxon website for more activities.
www.SaxonMath.com/MathKActivities

What is your child learning in Math?

In Lessons 61–70 we practiced:

- identifying and creating an ABB sound and movement pattern

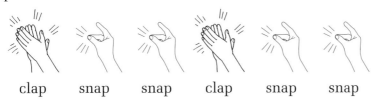

| clap | snap | snap | clap | snap | snap |

- matching a number card to a set
- identifying and counting dimes to 50¢
- counting by 10's to 50
- identifying a cube
- sharing a whole by separating it into two equal parts

Math at Home

Here are some fun things you can do to help your child practice the math he or she is learning in school.

- Give your child a handful of small objects such as beans, macaroni, or cereal from a box. Ask your child to put the objects into groups of 10. Then help your child count by 10's to count the objects.

- Arrange a snack in an ABB pattern, for example, cracker, grape, grape, cracker, grape, grape. Ask your child what the next three items would be if the pattern continued. Give him or her more crackers and grapes and have him or her arrange them in the ABB pattern before eating the snack.

New Math Words

cube: a solid geometric shape with six equal square faces: top, bottom, and four sides

line segment: a portion of a line with two endpoints that show a definite length

dime: a U.S. coin worth ten cents

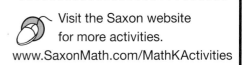
Visit the Saxon website for more activities.
www.SaxonMath.com/MathKActivities

What is your child learning in Math?

In Lessons 71–80 we practiced:

- identifying numbers to 20
- putting the number cards 0 through 20 in order
- using objects to represent numbers to 20
- weighing objects using a balance

- identifying *full*, *half-full*, and *empty* containers

     full   *half-full*   *empty*

New Math Words

cup: a container used for measuring liquid or dry ingredients

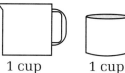

1 cup   1 cup

recipe: directions for making certain foods

> *Recipe for Raisin Cereal*
>
> *3 cups cereal*
> *1 cup raisins*

 # Math at Home

Here are some fun things you can do to help your child practice the math he or she is learning in school.

- Ask your child to help you use a measuring cup to measure ingredients when you are cooking.

- Gather several containers from your refrigerator. These could include pickles, ketchup, mayonnaise, other condiments, or water, milk, and juice. Have your child describe the fullness of each container using the words *full, nearly full, half-full,* or *nearly empty*.

 Visit the Saxon website for more activities.
www.SaxonMath.com/MathKActivities

What is your child learning in Math?

In Lessons 81–90 we practiced:

- identifying and counting dimes to $1.00

- counting by 10's to 100

- paying for items to $1.00 using dimes

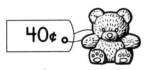 

- writing numerals to 20

- comparing length and identifying shorter and longer

- creating and reading an ABC color pattern

- acting out "some, some more" and "some, some went away" story problems

- measuring and comparing the capacity of containers

 Math at Home

Here are some fun things you can do to help your child practice the math he or she is learning in school.

- Ask your child to use knives, forks, and spoons to make an ABC pattern.

- Make price tags using amounts such as 20¢, 50¢, etc., to $1.00, and put them on kitchen items or small toys. Allow your child to use dimes to "purchase" these items.

New Math Words

capacity: the amount a container can hold

"some, some more" story problem: an addition story problem

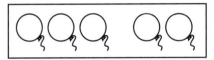

"some, some went away" story problem: a subtraction story problem

Visit the Saxon website for more activities.
www.SaxonMath.com/MathKActivities

What is your child learning in Math?

In Lessons 91–100 we practiced:

- identifying and counting nickels to 50¢
- counting by 5's to 50
- paying for items to 50¢
- putting objects in order by height
- identifying a cylinder
- dividing by sharing
- identifying and creating an ABC sound and movement pattern

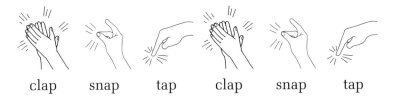

clap   snap   tap   clap   snap   tap

This page may be photocopied for educational use within each purchasing institution.

Math at Home

Here are some fun things you can do to help your child practice the math he or she is learning in school.

- Ask your child to find five twigs of differing lengths. Have him or her put them in order from shortest to longest.

- Give your child enough carrot sticks (or other snack) that he or she can share with family members. For example, if there are four members of your family, give your child a number of snack items that can be equally shared, such as 8, 12, or 16. Ask your child to share the snack so that each person gets the same amount.

New Math Words

cylinder: a solid geometric shape with circles for the top and bottom faces

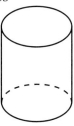

greatest: the most shown; the largest amount

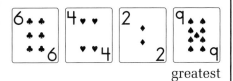

greatest

Visit the Saxon website for more activities.
www.SaxonMath.com/MathKActivities

SAXON

MATH K NEWS

What is your child learning in Math?

In Lessons 101–110 we practiced:

- reading and creating an ABBC color pattern

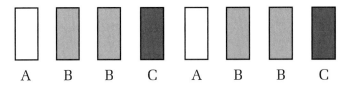

A B B C A B B C

- identifying right and left
- identifying small, medium, and large
- counting forward and backward on a number line

counting forward

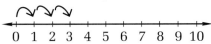

counting backward

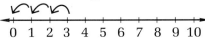

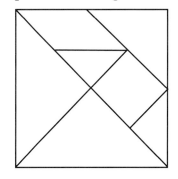

Math at Home

Here are some fun things you can do to help your child practice the math he or she is learning in school.

- Play "Simon Says" with your child. Facing the same direction as your child, give directions that use either right or left parts of the body, such as "Simon says, Wave your right hand" or "Simon says, Lift your left arm." Give some commands without saying "Simon says," but *do* the command. Your child should NOT do those actions because Simon didn't say to! Take turns being the leader with your child.

- Count forward and backward from 10 with your child.

New Math Words

number line: a line that continues in both directions without end and is marked with numbers in order

0 1 2 3 4 5 6 7 8 9 10

tangrams: a square divided into seven geometric pieces: five triangles, a square, and a parallelogram; used for geometry and problem solving

Visit the Saxon website for more activities.
www.SaxonMath.com/MathKActivities

What is your child learning in Math?

In Lessons 111–120 we practiced:

- identifying a sphere
- identifying numbers through 30
- writing numerals through 30
- identifying and counting quarters

25¢   +   25¢   +   25¢   =   75¢

- paying for items using pennies, nickels, dimes, or quarters

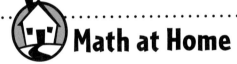 **Math at Home**

Here are some fun things you can do to help your child practice the math he or she is learning in school.

- Have your child help you do two short chores. When you are finished, ask your child to tell you which of the chores took more time and which took less time to complete. Ask your child, "Do you think there is a way to do the chore faster?"

- Take coins from your pocket or piggy bank. Ask your child to sort the coins by kind and find the value of each group.

New Math Words

parallelogram: a four-sided shape with two sets of parallel sides

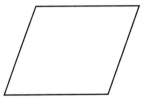

sphere: a solid geometric shape like a globe or ball

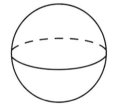

 Visit the Saxon website for more activities.
www.SaxonMath.com/MathKActivities

What is your child learning in Math?

In Lessons 121–130 we practiced:

- counting by 2's to 20
- identifying a cone
- identifying even and odd numbers to 10
- making a symmetrical design
- comparing temperatures at different times of the day
- describing the likelihood of events

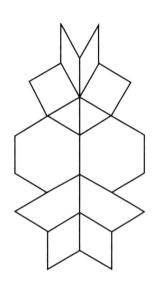

 ## Math at Home

Here are some fun things you can do to help your child practice the math he or she is learning in school.

- Have your child look through a newspaper or magazine and circle the page numbers. Have him or her circle the even page numbers one color and the odd page numbers another color.
- Practice saying the names of the months of the year with your child.

New Math Words

cone: a solid geometric shape with a point on one end and a circular face on the other

even numbers: numbers that can be shared equally, such as 2, 4, 6, and 8

odd numbers: numbers that can not be shared equally, such as 1, 3, 5, 7, and 9

even

odd

even

Visit the Saxon website for more activities.
www.SaxonMath.com/MathKActivities

Student Glossary
(English and Spanish)

English/Spanish Student Math Glossary

The number in parentheses indicates the lesson in which the word is discussed.
Words discussed in both a meeting (M) and a lesson (L) are referenced accordingly.

A

above *(23)*	higher than
arriba	más alto que
add *(80-1)*	to put two or more things together
sumar	poner juntas dos cosas o más
after *(M15, L48)*	behind; happening later
después	detrás; que sucede más tarde

B

before *(M15, L48)*	in front of; happening earlier
antes	enfrente de; que sucede más temprano
behind *(12)*	in back of
detrás	atrás de
below *(23)*	lower than
debajo	más bajo que
beside *(12)*	next to
junto	próximo a
between *(M15, L48)*	in the middle of
entre	a la mitad de

C

capacity *(90-1)*	the amount that a container can hold
capacidad	la cantidad que un envase puede contener
cent *(M11, L51)*	one of 100 equal parts of a U.S. dollar; a value of money
centavo	una de 100 partes iguales de un dólar de EE. UU.; un valor de dinero

cent symbol *(49)*	the mark for the word "cent" or "cents" ¢
símbolo de centavo	el signo para la palabra "centavo" o "centavos"
circle *(M3, L19)*	a shape with a perfectly round curved edge ◯
círculo	una figura con un borde perfectamente redondo
column *(11)*	an arrangement of items from top to bottom or bottom to top
columa	un arreglo de objetos de arriba hacia abajo o de abajo hacia arriba
cone *(123)*	a solid shape with a circle on one end that connects to a point at the other end
cono	una figura sólida con un círculo en un extremo que se conecta a un punto en el otro extremo
count *(M2, L1)*	to say numbers in a given pattern
contar	decir números siguiendo un patrón determinado
cube *(M7, L61)*	a solid shape with six equal square faces
cubo	una figura sólida con seis caras cuadradas iguales
cylinder *(93)*	a solid shape with equal circles on each end
cilindro	una figura sólida con círculos iguales en cada extremo

Saxon Math K

D

divide *(70-1)* dividir	to separate into equal groups separar en grupos iguales
doubles *(117)* dobles	two of the same number dos del mismo números

E

equal *(M11, L94)* igual	exactly the same; having the same value exactamente lo mismo; que tienen el mismo valor
equal parts *(70-1)* partes iguales	sections of a whole that are exactly the same size secciones de un todo que tienen tamaños exactamente iguales
estimate *(M17, L64)* estimar	to make a good guess about value or measurement with given information suponer de manera apropiada el valor o medida dada cierta información
even number *(125)* número par	every number that can be divided into groups of two without having one left over; every number ending in 0, 2, 4, 6, or 8 cada número que puede ser dividido en grupos de dos sin dejar a ninguno fuera; cada número que termina en 0, 2, 4, 6 u 8.

F

face *(61)* cara	a flat side of a solid shape un lado plano de una figura sólida
fewest *(11)* menor número posible	the smallest number of items el número más pequeño de objetos
fifth *(M22, L112)* quinto	the ordinal number that tells the number five place el número ordinal que indica el lugar del número cinco
first *(M1, L9)* primero	the ordinal number that tells the one before all the others el número ordinal que indica el que va antes que todos los demás

flip *(108)*	to turn over a figure from front to back or back to front
voltear	mover una figura de adelante hacia atrás o de atrás hacia adelante
fourth *(M20, L28)*	the ordinal number that tells the number four place; (also see *one fourth*)
cuarto	el número ordinal que indica el lugar del número cuatro (ve también *un cuarto*)

G

graph *(5)*	a chart showing information using symbols, points, bars, or lines
gráfica	una tabla que muestra información utilizando símbolos, puntos, barras o líneas
greater *(99)*	more
mayor	más
greater than *(71)*	more than
mayor que	más que
greatest *(98)*	more than all the others
el mayor	más que todos los demás

H

heaviest *(72)*	weighing more than all the others
el más pesado	que pesa más que todos los otros
height *(131)*	the distance from top to bottom or bottom to top
altura	la distancia de arriba hacia abajo o de abajo hacia arriba
hour *(45)*	a measure of time equal to 60 minutes
hora	una medida de tiempo igual a 60 minutos

I

in back of *(12)*	behind
de espaldas a	detrás
in front of *(12)*	ahead of
enfrente de	delante de

Saxon *Math K*

| **inch** | a small unit to measure length; in. |
| (133) | |

pulgada	una unidad pequeña para medir longitud; pulg

inside	the place between the edges of a figure; the opposite
(12)	of outside
adentro	el lugar entre los bordes de una figura; lo opuesto a afuera

L

large	big
(23)	
grande	amplio

largest	bigger or more than all the others
(112)	
el más grande	mayor o más que todos los otros

last	at the end
(M23, L28)	
último	al final

least	less than all the others
(49)	
el menor	menos que todos los demás

left	a direction; the opposite of right; a word used in subtraction
(103)	problems to show what remains
izquierda	una dirección; el opuesto de derecha; una palabra que se utiliza en problemas de resta para mostrar lo que resta

length	the distance from one end to the other end
(83)	
longitud	la distancia de un extremo al otro extremo

less	not as many
(5)	
menos	no tantos

less likely	less than an equal chance that something will happen
(124)	
menos probable	menos que una posibilidad igual a que algo suceda

less than (M24, L109)	not as many as; smaller than
menos que	no tantos como; menor que
likely (124)	probably will happen
probable	probablemente ocurrirá
line segment (63)	a straight path usually marked with two endpoints
segmento de recta	un camino recto frecuentemente marcado con dos extremos
longer (83)	having more length
más largo	de mayor longitud
longest (84)	having more length than all the others
el más largo	que tiene mayor longitud que todos los demás

M

matching sets (117)	groups of things that have exactly the same number
conjuntos emparejados	grupos de cosas que tienen cantidades exactamente iguales
matrix (43)	an arrangement of items both left to right and up and down, usually showing shape, size, and color
matriz	un arreglo de objetos de izquierda a derecha y de abajo hacia arriba, que frecuentemente muestra forma, tamaño y color
measure (87)	to find the length, weight, height, temperature, capacity, time, and so on, using tools
medir	encontrar la longitud, peso, altura, temperatura, capacidad, tiempo; etc. utilizando herramientas
medium (105)	a size that is between small and large
mediano(a)	un tamaño entre pequeño y grande

Saxon Math K

more *(M17, L5)*	a larger amount; greater
más	una cantidad más grande; mayor
most *(11)*	the largest amount; greater than all the others
la mayoría	la mayor cantidad; mayor que todos los demás

N

number *(M1, L1)*	one or more digits showing an amount
número	uno o más dígitos que muestran una cantidad

O

odd number *(125)*	every number that has one left over after being divided into groups of two; every number ending in 1, 3, 5, 7, or 9
número impar	cada número que tiene un residuo igual a uno después de ser dividido en grupos de dos; cada número que termina en 1, 3, 5, 7 ó 9
one cup *(77)*	a small unit to measure liquids and/or dry things
una taza	una pequeña unidad para medir líquidos y/o cosas secas
one fourth *(134)*	one of four equal parts; $\frac{1}{4}$
un cuarto	una de cuatro partes iguales; $\frac{1}{4}$
one half *(70-1)*	one of two equal parts; $\frac{1}{2}$
un medio	una de dos partes iguales; $\frac{1}{2}$
on top of *(12)*	placed on the highest point of
en la cima	colocado en el punto más alto
outside *(12)*	the place not between the edges; opposite of inside
afuera	el lugar que no está entre los extremos; lo opuesto a adentro
over *(12)*	above
encima	arriba

P

parallelogram
(M14, L105)

a shape with four straight sides that has two pairs of parallel lines

paralelogramo

una figura con cuatro lados rectos que tiene dos pares de rectas paralelas

---

pattern
(M3, L9)

a repeating arrangement of something

patrón

un arreglo de algo que se repite

---

pictograph
(5)

a way of showing information using pictures or symbols

Our Class

Girls	☖ ☖ ☖ ☖ ☖	
Boys	☖ ☖ ☖ ☖	

1 2 3 4 5 6 7

pictografía

una manera de mostrar información utilizando imágenes o símbolos

Q

quart
(78)

a unit used to measure liquids; qt

cuarto

una unidad para medir líquidos; ct

R

rectangle
(M17, L19)

a shape with four straight sides and four square corners

rectángulo

una figura con cuatro lados rectos y cuatro esquinas rectas

---

right
(103)

a direction; the opposite of left

derecha

una dirección; lo opuesto a izquierda

S

second
(M16, L28)

the ordinal number that tells the number two place; a short measure of time

segundo

el número ordinal que indica el lugar del número dos; una medida corta de tiempo

Saxon Math K

shorter (83) más corto	having less length or height que tiene menor longitud o altura
shortest (84) el más corto	having the least length or height of all que tiene la menor longitud o altura
slide (108) deslizar	to move a shape from one place to another on a flat surface without turning it mover una figura sobre una superficie plana de un lugar a otro sin girarla
small (M17, L23) pequeño	little chico
smallest (112) el más pequeño	having the least size del tamaño más chico
sort (16) clasificar	to separate items into groups based on something they have in common separar objetos en grupos en base a algo que tienen en común
sphere (112) esfera	a round solid shape like a basketball or globe una figura sólida redonda como una pelota de baloncesto o un globo
square (M7, L31) cuadrado	a shape with four straight, equal sides and four square corners; a special kind of rectangle una figura con cuatro lados rectos e iguales y cuatro esquinas rectas; un tipo especial de rectángulo
sum (120-2) suma	the answer to an addition problem la respuesta a un problema de suma

symmetrical (129)	having an imaginary line so that the parts on both sides are alike

simétrico	que tiene una recta imaginaria de tal forma que las partes a ambos lados de ella son iguales

T

taller (131)	having more height
más alto	con mayor altura

tallest (84)	having more height than all the others
el más alto	con una altura mayor que la de todos los demás

third (M18, L28)	the ordinal number that tells the number three place
tercero	el número ordinal que indica el lugar del número tres

time (124)	a period in which something happens
tiempo	un período en que algo ocurre

total (73)	complete; altogether
total	completo; en conjunto

triangle (M9, L31)	a shape with three straight sides and three angles

triángulo	una figura con tres lados rectos y tres ángulos

turn (108)	to move a shape around a point; to rotate a shape

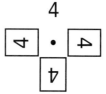

girar	mover una figura alrededor de un punto; rotar una figura

Saxon Math K

U

under (12) debajo	beneath abajo
unlikely (124) poco probable	probably will not happen probablemente no ocurrirá

W

weight (53) peso	how heavy something is que tan pesado es algo
whole (70-1) entero	all parts together; complete todas las partes juntas; completo
width (106) ancho	a measure from side to side una medida de lado a lado

Estimado padre o tutor:

Durante el transcurso del año, su hijo(a) participará en una gran variedad de actividades matemáticas usando el programa *Matemáticas Saxon K*. Su hijo(a) aprenderá a través de experiencia personal, discusiones, exploraciones y práctica oral y escrita.

Aunque las actividades de cada día serán variadas, cada lección tendrá un formato estándar de tres partes:

1. **La reunión** es cuando practicamos las destrezas cotidianas. Los alumnos aprenderán el calendario y practicarán contar, hacer patrones, dar la hora y contar dinero.

2. **Los conceptos nuevos** y destrezas se introducen y practican durante una lección formal para el grupo completo. Estas lecciones abarcan experiencias prácticas que permiten al alumno involucrarse activamente en el aprendizaje.

3. **La práctica de la lección** refuerza conceptos nuevos de la lección, así como de lecciones previas. Algunas de estas hojas de práctica se completan en clase con el grupo completo o en actividades con pequeños grupos y otras se completan en casa. **Es importante que usted revise con su hijo(a) las hojas de lecciones de práctica que enviamos a casa.**

La evaluación de destrezas se realiza con entrevistas orales con cada alumno. Esto me ayudará a evaluar el progreso de su hijo(a) en destrezas que hemos practicado para determinar qué práctica adicional es necesaria. Compartiré con usted mis observaciones acerca del progreso de su hijo(a).

Me da gusto trabajar con usted y con su hijo(a) este año. Por favor contácteme si tiene preguntas acerca del programa o del progreso de su hijo(a).

Sinceramente

Estimado padre o tutor:

La práctica de escribir a mano es parte del manual de matemáticas de su hijo(a). La formación de números se enseña inicialmente usando grandes movimientos del cuerpo. No espere de su hijo(a) una escritura a mano perfecta en este momento, más bien concéntrese en los movimientos correctos.

Antes de que escribamos en papel, vamos a "escribir en el aire" números para que practiquen las formaciones correctas. "Escribir en el aire" es usar un brazo extendido frente al cuerpo para practicar los movimientos de la escritura. Cuando esté escribiendo en el aire es muy importante que mantenga su brazo extendido sin doblarlo y apuntar con los dedos índice y medio.

Puede ayudar a su hijo(a) a practicar la escritura a mano en casa. Cada número tiene un verso que puede ser cantado con la tonada de "Skip to my Lou". Los versos están escritos debajo de los números que aparecen en la parte trasera de la primera de varias Hojas de lecciones de práctica. Pegue cada número al refrigerador, tablero de anuncios o a una puerta. Pida a su hijo(a) que se pare a 2 ó 3 pies de distancia y escriba en el aire mientras cantan el verso juntos. Un punto negro muestra el comienzo de cada dígito y una flecha muestra la dirección. Cuando todos los números del 0 al 9 han sido introducidos, una lista completa de todos los versos se enviarán a casa.

Muchos alumnos se han beneficiado de práctica de escritura a mano adicional. Una forma de proporcionar esta práctica es turnarse con su hijo(a) usando un dedo para trazar números en la espalda de cada uno o en una caja poco profunda llena de sal o arena o en un recipiente poco profundo cubierto con crema de afeitar mientras cantan los versos.

La dificultad para sostener un lápiz o para colorear es normal en muchos alumnos de kinder. Las destrezas motoras finas mejorarán a medida que su hijo(a) crezca. A esta edad su hijo(a) necesita aprender la formación correcta de números para que en el futuro su escritura a mano sea precisa y clara.

Sinceramente,

¿Qué está aprendiendo su hijo(a) en matemáticas?

En las lecciones 1–10 practicamos:

- colocar un dibujo sobre un pictograma
- leer una gráfica
- escribir los números 1–9
- contar un conjunto de objetos con correspondencia de uno a uno

 Matemáticas en el hogar

Estas son algunas actividades divertidas para practicar las matemáticas que su hijo(a) está aprendiendo en la escuela.

- Pídale a su hijo(a) que cuente los tenedores, cuchillos, cucharas y servilletas que se necesitan para tener una cena en familia. Use otros objetos del hogar para realizar prácticas similares.

- Pídale a su hijo(a) que encuentre imágenes de gatos y perros (carros/camiones) en revistas y que los recorte. Pídale que ponga los dibujos en dos filas, una fila debajo de la otra. Pídale que cuente el número de gatos (carros) y el número de perros (camiones) en cada fila.

Palabras nuevas de matemáticas

cubos que se conectan: cubos pequeños de plástico multicolores que pueden conectarse; se usan para contar, medir, graficar y hacer patrones

bloques para hacer patrones: figuras geométricas pequeñas de madera multicolores (cuadrado, triángulo, hexágono, trapecio, rombo y paralelogramo) utilizados para geometría, resolución de problemas, hacer patrones, graficar y representar problemas

pictograma: una gráfica hecha con dibujos

☆	☆	☆	
✿	✿	✿	✿

ositos para contar: ositos pequeños de plástico utilizados para contar, clasificar, hacer patrones, graficar y actuar problemas

 Visite la página web de Saxon para más actividades.
www.SaxonMath.com/MathKActivities

¿Qué está aprendiendo su hijo(a) en matemáticas?

En las lecciones 11–20 practicamos:

- identificar lo más y lo menos en una gráfica
- usar palabras y frases de posición tales como *sobre, abajo, arriba, atrás, detrás, adelante* y *al lado*

sobre

al lado

abajo

- actuar un problema de planteo
- identificar círculos y rectángulos
- cubrir un diseño usando bloques para patrones
- escribir los números 0, 1 y 2

rectángulo: una figura con cuatro lados y cuatro esquinas

clasificar según el color: colocar los objetos del mismo color [botones rojos] juntos; luego, hacer lo mismo con objetos de otros colores

Matemáticas en el hogar

Estas son algunas actividades divertidas para practicar las matemáticas que su hijo(a) está aprendiendo en la escuela.

- Camine con su hijo(a) dentro y afuera de la casa para identificar círculos y rectángulos.
- Pídale que practique contar con usted.
- Pídale que coloque un juguete pequeño *sobre, abajo, arriba, atrás, detrás, adelante* y *al lado* de usted o de un juguete.

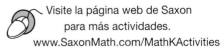

Visite la página web de Saxon para más actividades.
www.SaxonMath.com/MathKActivities

Mrs program may ho posasanan ...
within each purchasing institution.

¿Qué está aprendiendo su hijo(a) en matemáticas?

En las lecciones 21–30 practicamos:

- poner en orden tarjetas de números del 1 al 5
- poner en secuencia los eventos diarios
- identificar los números 3 y 4
- identificar la posición ordinal hasta el cuarto lugar

primero　　segundo　　tercero　　cuarto

- crear y leer un patrón de colores AB

A　　B　　A　　B　　A　　B

- nombrar los días de la semana

Matemáticas en el hogar

Estas son algunas actividades divertidas para practicar las matemáticas que su hijo(a) está aprendiendo en la escuela.

- Pídale a su hijo(a) que use un anuncio de ofertas del supermercado o de un periódico para nombrar números diferentes (1–5) encerrarlos en círculos.

- Pídale que nombren juntos los días de la semana. Apunte a los días de la semana en un calendario, si tiene uno disponible.

Palabras nuevas de matemáticas

atributos: características empleadas para describir un objeto: *figura,* tal como un círculo o rectángulo; *tamaño,* tal como pequeño o grande, y *color,* tal como rojo o azul

columna: una manera de mostrar información verticalmente

5

4

3

2

1

Visite la página web de Saxon para más actividades.
www.SaxonMath.com/MathKActivities

¿Qué está aprendiendo su hijo(a) en matemáticas?

En las lecciones 31–40 practicamos:

- identificar triángulos y cuadrados
- poner en orden tarjetas de números del 0 al 10
- identificar un número desconocido en una secuencia

1	2	3		5

- contar del final al principio desde 10
- poner en secuencia los eventos semanales
- escribir los números 5 y 6
- clasificar un conjunto de objetos

2 hoyos   4 hoyos

- identificar y leer un patrón de sonido y movimiento AB

aplaudir   tronar los dedos   aplaudir   tronar los dedos   aplaudir   tronar los dedos

Palabras nuevas de matemáticas

posición ordinal: posición numérica tal como primero, segundo o tercero

cuadrado: una figura con cuatro lados iguales y cuatro esquinas

triángulo: una figura con tres lados y tres esquinas

Matemáticas en el hogar

Estas son algunas actividades divertidas para practicar las matemáticas que su hijo(a) está aprendiendo en la escuela.

- Pídale a su hijo(a) que clasifique grupos tales como los calcetines de la familia (de papá, de mamá, etc.), la ropa lavada (por artículos) o los cubiertos en el cajón.

- Pídale que cree para usted un patrón de sonido AB. Ayúdelo a que escoja dos formas de hacer sonidos tales como aplaudir o dar golpecitos. Pídale que actúe el patrón.

Visite la página web de Saxon para más actividades.
www.SaxonMath.com/MathKActivities

¿Qué está aprendiendo su hijo(a) en matemáticas?

En las lecciones 41–50 practicamos:

- identificar y contar monedas de 1 centavo
- ordenar y escribir cantidades de dinero hasta los 10 centavos
- leer y escribir la hora en punto

- escribir los números 7 y 8
- emparejar una tarjeta de números con un conjunto de 1–10 objetos
- identificar un objeto que no pertence a un grupo, tal como un círculo (sin líneas rectas) en un grupo de cuadrados y triángulos (que tienen líneas rectas)

Palabras nuevas de matemáticas

matriz: una manera de mostrar atributos

| amarillo | rojo | verde | azul |

orden: colocar objetos en una secuencia dada, tal como del menor al mayor

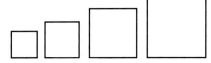

Matemáticas en el hogar

Estas son algunas actividades divertidas para practicar las matemáticas que su hijo(a) está aprendiendo en la escuela.

- Pídale a su hijo(a) que identifique la hora en un reloj (con manecillas) cuando muestra la hora en punto. Comente eventos que ocurren a ciertas horas del día.

- Disponga de una taza de monedas de 1 centavo. Pídale a su hijo(a) que saque un manojo de monedas de 1 centavo y las cuente. Repita esta actividad varias veces.

 Visite la página web de Saxon para más actividades. www.SaxonMath.com/MathKActivities

¿Qué está aprendiendo su hijo(a) en matemáticas?

En las lecciones 51–60 practicamos:

- comparar objetos por peso usando una balanza
- escribir los números 9 y 10
- crear y leer un patrón de colores ABB

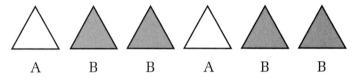

A   B   B   A   B   B

- pagar por artículos de hasta 10¢ usando monedas de 1 centavo

Matemáticas en el hogar

Estas son algunas actividades divertidas para practicar las matemáticas que su hijo(a) está aprendiendo en la escuela.

- Forme un conjunto de cuatro objetos de varios pesos, de muy pesado hasta muy ligero. Pídale a su hijo(a) que compare los pesos y trate de ordenarlos del más pesado al más ligero. Pídale que le diga cual es el primero, segundo, tercero y cuarto.

Palabras nuevas de matemáticas

balanza: un aparato que usa dos recipientes para medir peso y mostrar pesos comparables

geotablero: un tablero cuadrado de plástico con patitas de las cuales se sujetan ligas para crear figuras; se usa para resolver problemas

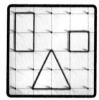

el menor: menos que todos los demás

🚌	🚌	🚌	🚌	🚌
👢	👢	el menor		
🚗	🚗	🚗	🚗	

Visite la página web de Saxon para más actividades.
www.SaxonMath.com/MathKActivities

¿Qué está aprendiendo su hijo(a) en matemáticas?

En las lecciones 61–70 practicamos:

- identificar y crear un patrón de sonido y movimiento ABB

| aplaudir | tronar los dedos | tronar los dedos | aplaudir | tronar los dedos | tronar los dedos |

- emparejar una tarjeta de números con un conjunto
- identificar y contar monedas de 10 centavos hasta 50¢
- contar de 10 en 10 hasta 50
- identificar un cubo
- compartir un entero separándolo en dos partes iguales

Matemáticas en el hogar

Estas son algunas actividades divertidas para practicar las matemáticas que su hijo(a) está aprendiendo en la escuela.

- Dele a su hijo(a) un manojo de objetos pequeños tales como frijoles, pasta o cereal de una caja. Pídale que ponga los objetos en grupos de 10. Luego, ayúdele a contar los objetos de 10 en 10.

- Arregle bocadillos en un patrón ABB; como por ejemplo, galleta, uva, uva, galleta, uva, uva. Pregúntele a su hijo(a) cuáles serían los siguientes tres objetos para continuar el patrón. Dele más galletas y uvas y pídale que las arregle en el patrón ABB antes de comer los bocadillos.

Palabras nuevas de matemáticas

cubo: una figura sólida geométrica con seis caras cuadradas iguales: una parte arriba y otra abajo, y cuatro lados

segmento de recta: una parte de una línea recta con dos puntos extremos que muestran una longitud definida

moneda de 10 centavos: una moneda de EE.UU. que vale diez centavos.

Visite la página web de Saxon para más actividades.
www.SaxonMath.com/MathKActivities

¿Qué está aprendiendo su hijo(a) en matemáticas?

En las lecciones 71–80 practicamos:

- identificar los números hasta el 20
- ordenar las tarjetas de números del 0 al 20
- usar objetos para representar números hasta el 20
- pesar objetos usando una balanza

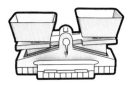

- identificar recipientes *llenos, medio llenos,* y *vacíos*

| lleno | medio lleno | vacío |

Palabras nuevas de matemáticas

taza: un recipiente para medir líquidos o ingredientes secos

1 taza   1 taza

receta: instrucciones para preparar ciertas comidas

Receta para cereal con pasitas

3 tazas de cereal

1 taza de pasitas

 ## Matemáticas en el hogar

Estas son algunas actividades divertidas para practicar las matemáticas que su hijo(a) está aprendiendo en la escuela.

- Pídale a su hijo(a) que le ayude a medir los ingredientes con una taza de medición cuando usted cocine.

- Saque varios recipientes de su refrigerador. Pueden ser de pepinillos, cátsup, mayonesa, otros condimentos, o agua, leche y jugo. Pídale a su hijo(a) que describa qué tan lleno está cada recipiente usando las palabras *lleno, casi lleno, medio lleno* o *casi vacío.*

 Visite la página web de Saxon
para más actividades.
www.SaxonMath.com/MathKActivities

¿Qué está aprendiendo su hijo(a) en matemáticas?

En las lecciones 81–90 practicamos:

- identificar y contar monedas de 10 centavos hasta $1.00
- contar de 10 en 10 hasta el 100
- pagar por artículos con monedas de 10 centavos hasta $1.00

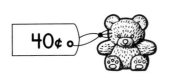 

- escribir números hasta el 20
- comparar longitud e identificar la más corta y la más larga
- crear y leer un patrón de colores ABC

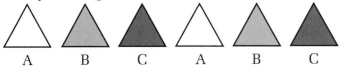

- representar problemas de planteo de "algo, algo más" y "algo, algo que se fue"
- medir y comparar la capacidad de recipientes

Palabras nuevas de matemáticas

capacidad: la cantidad que puede contener un recipiente

problemas de planteo de "algo, algo más": un problema de planteo de suma

problemas de planteo de "algo, algo que se fue": un problema de planteo de resta

 ## Matemáticas en el hogar

Estas son algunas actividades divertidas para practicar las matemáticas que su hijo(a) está aprendiendo en la escuela.

- Pídale a su hijo(a) que use cuchillos, tenedores y cucharas para hacer un patrón ABC.

- Haga etiquetas de precios con cantidades tales como 20¢, 50¢, etc., hasta $1.00, y póngaselos a objetos de la cocina o juguetes pequeños. Permita que su hijo(a) use monedas de 10 centavos para "comprar" estos artículos.

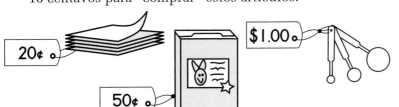

Visite la página web de Saxon para más actividades.
www.SaxonMath.com/MathKActivities

¿Qué está aprendiendo su hijo(a) en matemáticas?

En las lecciones 91–100 practicamos:

- identificar y contar monedas de 50 centavos
- contar de 5 en 5 hasta 50
- pagar objetos de hasta 50¢
- ordenar objetos según altura
- identificar un cilindro
- dividir al compartir
- identificar y crear un patrón de sonido y movimiento ABC

| aplaudir | tronar los dedos | tocar | aplaudir | tronar los dedos | tocar |

Matemáticas en el hogar

Estas son algunas actividades divertidas para practicar las matemáticas que su hijo(a) está aprendiendo en la escuela.

- Pídale a su hijo(a) que encuentre cinco ramitas de diferentes longitudes. Pídale que las ponga en orden de la más corta a la más larga.

- Dele a su hijo(a) suficientes zanahorias y otros bocadillos para que los comparta con otros miembros de la familia. Por ejemplo, si hay cuatro miembros de su familia, dele a su hijo(a) un número de bocadillos que puedan ser repartidos igualmente entre ellos, tal como 8, 12 ó 16. Pídale que comparta los bocadillos de manera que cada persona obtenga la misma cantidad.

Palabras nuevas de matemáticas

cilindro: una figura sólida geométrica con círculos en las caras de arriba y de abajo

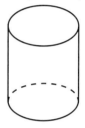

el mayor: la cantidad más grande

el mayor

Visite la página web de Saxon para más actividades.
www.SaxonMath.com/MathKActivities

¿Qué está aprendiendo su hijo(a) en matemáticas?

En las lecciones 101–110 practicamos:

- leer y crear un patrón de colores ABBC

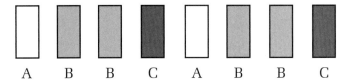

A   B   B   C   A   B   B   C

- identificar derecha e izquierda
- identificar pequeño, mediano y grande
- contar hacia adelante y hacia atrás en una recta numérica

contar hacia adelante

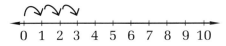

0 1 2 3 4 5 6 7 8 9 10

contar hacia atrás

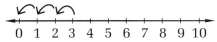

0 1 2 3 4 5 6 7 8 9 10

Matemáticas en el hogar

Estas son algunas actividades divertidas para practicar las matemáticas que su hijo(a) está aprendiendo en la escuela.

- Juegue "Simón dice" con su hijo(a). Viendo en la misma dirección que su hijo(a), dele instrucciones para las partes derechas o izquierdas del cuerpo, tales como "Simón dice, mueve tu mano derecha" o "Simón dice, levanta tu brazo izquierdo". Haga un movimiento sin decir "Simón dice". ¡Su hijo NO debe seguir la instrucción porque Simón NO la dijo! Tomen turnos usted y su hijo(a) para ser el líder.

- Cuente con su hijo(a) hacia adelante y hacia atrás desde 10.

Palabras nuevas de matemáticas

recta numérica: una línea recta que continúa en ambas direcciones sin fin, y está marcada con números en orden

0 1 2 3 4 5 6 7 8 9 10

tangrama: un cuadrado dividido en siete piezas geométricas: cinco triángulos, un cuadrado y un paralelogramo; se usa en geometría y para resolver problemas

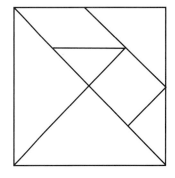

Visite la página web de Saxon para más actividades.
www.SaxonMath.com/MathKActivities

¿Qué está aprendiendo su hijo(a) en matemáticas?

En las lecciones 111–120 practicamos:

- identificar una esfera
- identificar números hasta el 30
- escribir números hasta el 30
- identificar y contar monedas de 25 centavos

$$25¢ \quad + \quad 25¢ \quad + \quad 25¢ \quad = \quad 75¢$$

- pagar artículos usando monedas de 1, 5, 10 o 25 centavos

Matemáticas en el hogar

Estas son algunas actividades divertidas para practicar las matemáticas que su hijo(a) está aprendiendo en la escuela.

- Pídale a su hijo(a) que le ayude a hacer dos labores domésticas cortas. Cuando haya terminado, pídale que le diga cuál de las labores tomo más y cuál tomó menos tiempo para completar. Pregúntele a su hijo(a), "¿Crees que hay otra manera de hacer la labor más rápidamente?"

- Saque monedas de su bolsa o alcancía. Pídale a su hijo(a) que agrupe las monedas según su tipo, y que encuentre el valor de cada grupo.

Palabras nuevas de matemáticas

paralelogramo: una figura de cuatro lados con dos conjuntos de lados paralelos

esfera: una figura sólida geométrica tal como un globo o pelota

Visite la página web de Saxon para más actividades.
www.SaxonMath.com/MathKActivities

¿Qué está aprendiendo su hijo(a) en matemáticas?

En las lecciones 121–130 practicamos:

- contar de 2 en 2 hasta el 20
- identificar un cono
- identificar números pares e impares hasta el 10
- hacer un diseño simétrico
- comparar temperaturas a diferentes horas del día
- describir la posibilidad de ocurrencia de eventos

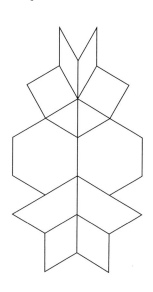

 Matemáticas en el hogar

Estas son algunas actividades divertidas para practicar las matemáticas que su hijo(a) está aprendiendo en la escuela.

- Pídale a su hijo(a) que ponga círculos alrededor de los números de página en un periódico o revista. Pídale que encierre en círculos los números de páginas pares en un color y los impares en otro.
- Practique con su hijo(a) a decir los números de los meses del año.

Palabras nuevas de matemáticas

cono: una figura sólida geométrica con una punta en un extremo y una cara circular en el otro

números pares: números que se pueden dividir igualmente, tales como 2, 4, 6 y 8

números impares: números que no se pueden dividir igualmente, tales como 1, 3, 5, 7 y 9

pares

impares

pares

 Visite la página web de Saxon para más actividades.
www.SaxonMath.com/MathKActivities